VOLUME 81

UNIVERSUMS ECUATION

UNIVERSUM BILDADES UR INGENTING GENOM RÖRELSEN AV EN ALMATRINO

FÖRSTA UPPLAGAN

Carlos L Partidas

Lagstadgat nummer: MI2022000639

ISBN: 979 8371 1857 47

SAPI IMMATERIALRÄTTSLIG REGISTRERING: NEJ. 8074 I
KOMPENDIUM OM SJUKDOMARS KEMI BOLIVARIANSKA REPUBLIKEN
VENEZUELA, 07/05/2010

DEDIKATION

TILL MINNE AV DEN ITALIENSKA VETENSKAPSMANNEN GALILEO GALILEI. MED HISTORIENS FÖRSTA VETENSKAPLIGA INSTRUMENT I FORM AV ETT LITET TELESKOP KUNDE GALILEO GALILEI VISA ATT UNIVERSUMS CENTRUM VARKEN VAR JORDEN ELLER SOLEN. DET VAR EN VETENSKAPLIG HÄNDELSE SOM FÖRÄNDRADE MÄNSKLIGHETENS UPPFATTNING OM UNIVERSUMS SKAPELSE

INNEHÅLLSFÖRTECKNING

ERKÄNNANDE

TILL ALBERT EINSTEINS OCH MILEVA MARIĆS RELATIVITETSTEORIER OCH DEN BELGISKA PASTORN GEORGES LEMAÎTRE'S BIG BANG-TEORI. DESSA TVÅ TEORIER NÅR SIN SLUTPUNKT I VETENSKAPSHISTORIEN MED DEN EKVATION SOM FÖRKLARAR HUR UNIVERSUM BILDADES FRÅN INGENTING

Kapitel 1

DET INFINITESIMALA UNIVERSUMET

Händelser upprepar sig inte, för universum expanderar exponentiellt och kaotiskt till ett ställe där det inte finns någonting. Universum uppstod genom rörelsen av den minsta mängd energi som kan rymmas i vårt sinne. Universum imploderar till ingenting. Vi kan säga att universum är ett energisystem som startades genom rörelsen av den minsta mängd energi som började röra sig i ingentingets centrum. Ingenting är inte oändligt; ingenting är lika stort som universum. Men om vi vill sätta en gräns för storleken på ingenting, växer ingenting expansivt i takt med att universum expanderar. Universum kommer inte att sluta växa, eftersom universums expansion går mot ingenting.

I ingenting finns ingenting, men vi måste definiera den minsta mängd energi som bildades i ingenting för att kunna koppla ihop ingenting med universum och därmed beskriva hur universum började bildas ur ingenting.

Elektronisk energi uppstod genom rörelsen av den minsta mängden elektronisk energi, och elektronisk materia bildades genom integrering av elektronisk energi. Magnetisk energi uppstod genom rörelsen av elektronisk energi, och magnetisk massa bildades genom integrering av magnetisk energi.

Allt som existerar, det vill säga alla fysiska system som består av elektronisk materia, inklusive levande varelsers och andars kroppar, bildas således som en följd av den energi som produceras av universums rörelse.

Den elektroniska materia som produceras i universum är inte medveten om sin existens, medan den magnetiska massan är den medvetna delen av universum, det vill säga den magnetiska massa som bildar andarna är medveten om sig själv.

Den elektroniska materian och den magnetiska massan bildar således en oskiljaktig helhet ur universum som bildas ur ingenting.

På jorden är andens magnetiska massa den energi som driver den fysiska kroppens elektroniska materia. Men på jorden tror man att den fysiska kroppens elektroniska materia är den egentliga livsformen, och därför ges livets värde endast till människans fysiska form. Men varje organism som rör sin kropp med hjälp av sin magnetiska massa är i verkligheten en levande varelse som också har rätt att existera.

På grund av denna okunskap om livsformens ursprung förstör människan emellertid livet för andra levande varelser på planeten Jorden.

Denna skillnad beror på att alla inte kan se den energetiska bilden av en ande. Jordens fysiska kropp och människans fysiska kropp bildades genom integrering av elektronisk energi, medan andens magnetiska massa bildades genom integrering av magnetisk energi.

Elektronisk energi och magnetisk energi är två olika typer av energier; därför bildar dessa två typer av energier substanser som är lika olika. Skillnaden beror på att elektronisk materia består av rumsligt bundna kärnor och elektroner, medan andarnas magnetiska massa inte har några kärnor eller elektroner; därför är andarnas magnetiska massa ett stabilare energimönster än den stabilare elektroniska materian.

Elektronisk materia består av ett slags integrering som kan förändras med tiden, eftersom stabiliteten hos det ämne som består av elektronisk materia kommer att bero på arrangemanget av kärnor och elektroner, dvs. på den kompensation som sker på grund av den stabilare integreringen av elektroniska laddningar.

En andes magnetiska massa däremot har inga kärnor eller elektroner; därför har andens magnetiska massa inga elektroniska laddningar. Anden kan därför inte ändras eller förstöras med tiden. Vi kan säga att anden består av den mest stabila substans som kan existera.

Därför kan andens magnetiska massa endast rida på den elektroniska materian i en fysisk kropp för att leda den, men utan att integreras med den fysiska kroppen. Magnetisk energi bildades genom rörelsen av elektronisk energi, så utan kärnor, elektroner eller elektroniska laddningar kan andens magnetiska massa inte smälta samman med den fysiska kroppens elektroniska materia.

För anden är den elektroniska materian genomskinlig; för anden är det som om den elektroniska materian inte existerar. Anden kan till exempel passera genom vilken typ av elektronisk materia som helst utan att interagera, eftersom anden inte har några elektroniska laddningar. Andens magnetiska massa i förhållande till elektronisk materia skulle vara som att sätta en sil genom vatten.

När vi hänvisar till magnetisk energi är detta den holografiska energistämpel som leder till den elektroniska kroppen hos varje levande varelse, det vill säga det kan vara kroppen hos en groddjur, en fisk, en val, ett virus, en bakterie, en tiger, en apa, en katt, en tjur, en ko, en get, en kyckling, en fjäril, en jaguar, en orm, en människa osv.

Men vi har redan sagt att förvirringen på jorden beror på att vi inte ser andens energi, för vi kan bara se den fysiska kroppen hos varje levande varelse, eller den fysiska kroppen hos varje livlöst föremål, eftersom dessa kroppar består av elektronisk materia som kan förändras med tiden. Den energi som driver en levande varelses kropp ser vi däremot inte, eftersom det är en annan energi, men andens energi måste vi klassificera som energi. Till den fysiska kroppens drivande stämpel måste vi för tillfället kalla energi, tills vi kan fastställa ett namn för den mer stabila substans som bildar en ande. I verkligheten är andens magnetiska massa den holografiska stämpel som driver den fysiska kroppen av levande elektronisk materia.

Elektronerna och atomkärnorna arrangerar sig eller ändrar sin rumsliga position, det vill säga de negativa elektronerna och de positiva atomkärnorna justerar sina elektroniska laddningar i enlighet med skillnaden i integreringsenergi. Detta elektroniska arrangemang kommer att kulminera när den bildade elektroniska konfigurationen är den mest stabila. Exempelvis en sten, sand, slagg, bark av ett träd osv.

Dessa variationer av elektroniska laddningar kan vara de vätebryggor som bildas mellan de fyra molekylerna i DNA: adenin, tymin, guanin och cytokin, som ger en identitet i form av en genetisk kod till varje kropp hos varje levande varelse på jorden: låt oss säga från ett virus till en människa.

Livets egentliga form är andens magnetiska massa, så att den ande som har utvecklat sitt förnuft mest är den som befinner sig högst på existensens evolutionära skala. Ett virus eller en bakterie är till exempel en levande varelse, men den är inte medveten om sin existens. Medan människan, genom den kunskap hon eller han har förvärvat, befinner sig på en högre existensskala.

Även om det finns människor som fungerar utan att vara medvetna om sin existens; för dessa människor har inte vaknat upp till ursprunget av sin existens eller till medvetandetillståndet. Så vi måste fördjupa oss i den omedvetna människans medvetande för att väcka detta medvetandetillstånd, så att alla levande varelser kan utvecklas. För att alla människor ska kunna placeras på en högre nivå på sin utvecklingsstege.

Därför kan ett husdjur eller något annat djur ligga under skalan för en människas medvetande, men en annan levande varelse än en människa uttrycker sina känslor genom instinkt.

Till exempel är en ko kanske inte medveten om sin existens, men en ko, en gris, en kyckling, ett rådjur eller ett får har känslor; att döda dem för att äta köttet från deras kroppar görs därför endast av människor som inte har lyckats väcka medvetandetillståndet.

Att döda en bror till universum som lever för att äta honom, eller för att handla med köttet från hans kropp, eller att skjuta honom i huvudet på avstånd för att se honom falla, är en av de mest avskyvärda handlingar som den medvetslösa människan utför. Det är en avvikande handling som begås av en människa som inte är medveten om sig själv, om andra varelsers existens eller om universums existens.

Universum är inte medvetet om sin existens, för den medvetna delen av universum är den magnetiska massan av alla andar som existerar i universum. Den medvetna delen av universum är den magnetiska massa som bildar andarna hos alla levande varelser, men på jorden antar omedvetna människor att den enda existensen av liv i universum är människornas fysiska kroppar.

En andes magnetiska massa innehåller inte elektronisk materia; därför anser jordborna inte att det finns ett holografiskt avtryck av en andes magnetiska massa.

Det mikroskopiska arrangemanget av elektroniska laddningar har pågått i miljarder år, och denna anpassningsprocess kommer att fortsätta att ske i denna osynliga form. Detta arrangemang av elektroner och kärnor under miljarder år är det som har skapat den perfektion som vi märker i detta ögonblick av existens på jorden.

Men eftersom de flesta människor inte finner någon förklaring till denna elektroniskt uppkomna perfektion, tillskriver de den en perfekt varelse. Men i själva verket är allt som existerar och kommer att existera, vi skyldiga det elektroniska arrangemanget som bildar den energigenerering som utgår från universums rörelse.

Så allt som existerar i universum är en konsekvens av universums rörelse; därför är alla levande varelser bröder och systrar; både ur genetisk synvinkel och ur energisk synvinkel, eftersom allt som existerar och som kommer att existera i universum är en konsekvens av universums rörelse. Så vi är alla söner till det stora universum.

I själva verket är vi alla universum, eftersom universums medvetna del är andarnas magnetiska massa. Andarna måste ha bildats i olika energistadier, det vill säga på olika energinivåer.

Till exempel, i början, eller när universum var oändligt litet i storlek, bildades oändligt mycket elektronisk energi; och genom rörelsen av oändligt mycket elektronisk energi genererades oändligt mycket magnetisk energi. Den infinitesimala elektroniska energins spinnhastighet nådde ett oändligt värde i förhållande till universums infinitesimala storlek, och den första mängden infinitesimal elektronisk materia i universum började bildas, det vill säga m_0 i universums energiavvägning $Ev=m_0C^3$. Detta är den energidekvation som tydligare förklarar hur universum bildades, eftersom vi med denna ekvation när som helst kan veta vid vilken rotationshastighet den elektroniska energin omvandlas till elektronisk materia.

I början, eller när universum var infinitesimalt stort, integrerades den infinitesimala magnetiska energi som genererades spontant med annan infinitesimal magnetisk energi som roterade i samma riktning (↑↑ eller ↓↓), och den första positiva (↑↑) och negativa (↓↑) kvantiteten av infinitesimal magnetisk massa bildades.

Den infinitesimala magnetiska massan och den infinitesimala elektroniska materian integrerades rumsligt och de första infinitesimala kropparna bildades. Till exempel den kropp som bildar den infinitesimala magnetiska massan av ett virus.

På detta sätt bildades de olika energinivåerna, upp till storleken på universum som vi känner det idag. Men, perfektionen genom arrangemanget av de elektroniska laddningarna, verkar det för oss som om det var någon som skapade universum. Processen med elektronisk finjustering av detta system i universum har pågått mikroskopiskt i miljarder år och kommer att fortsätta i ytterligare miljarder år, men det kommer att vara omöjligt för en människa att se universums evolutionära process.

En människa färdas genom rymden med noll hastighet i förhållande till jorden, och jorden färdas genom rymden med 28 kilometer per sekund i förhållande till solen.

Med andra ord färdas vi på jorden med noll hastighet i förhållande till jorden. Därför verkar det för oss som om universum är statiskt eller att universum inte rör sig. Vissa människor anser att all denna perfektion har skapats av en osynlig varelse som liknar människan. Men för att skapa universum måste vi föreställa oss att denna skapande varelse befinner sig utanför universum, det vill säga i ingenting, men det är omöjligt för någon att existera i ingenting eftersom ingenting finns i ingenting.

Om två gånger den nuvarande tiden, dvs. när universums ålder når 27,6 miljarder år, kommer universum fortfarande att skapa sig självt och vi kommer att ha en annan fysisk konfiguration än universums nuvarande konfiguration. Men andarnas magnetiska massa kommer att finnas kvar och kommer att kunna betrakta de nya händelser som sker i universum, de nya galaxerna som kommer att bilda nya solar, de nya levande varelserna, eftersom universum inte kommer att upphöra att växa så länge som universum är i rörelse.

Om vi fortsätter som vi gör kommer jorden alltid att finnas där i universum som en himlakropp, men kanske kommer den omedvetna människan att förstöra livet på jorden innan dess. Eftersom omedvetna människor betraktar djurens liv som en ekonomisk verksamhet. Eller så söker den omedvetna människan sin evighet i den fysiska kroppens transhumanism, vilket är omöjligt, eftersom det enda eviga i människan är andens magnetiska massa. Det kommer att vara omöjligt att immunisera den magnetiska massan hos en ande.

En fabel ur filosofisk synvinkel är meningsfull; därför var det mänskliga tänkandet fyllt av övertygande fantasier, när förklaringen till hur universum bildades var ett vetenskapligt vakuum.

Tills Galileo Galilei dök upp med ett vetenskapligt instrument i form av ett litet teleskop för att observera universum. Galileo Galilei insåg att himlen inte existerar och att universums centrum inte var jorden eller solen, men denna demonstration av Galileo Galilei gjorde den katolska kyrkans toppar obekväma eller de som var övertygade om Claudius Ptolemaios filosofiska idéer.

Den verkliga eller vetenskapliga idén om bildandet av universums energi började dock med den övertygelse som representerades av Galileo Galileis teleskop.

Den höga energin producerades genom rörelsen av den minsta tänkbara energimängden, som vi måste definiera som en almatrino.

Den värme som genererades i det infinitesimala universum började minska när den elektroniska och magnetiska energin spontant integrerades: den elektroniska energin integrerades och elektronisk materia bildades, och den magnetiska energin integrerades och den magnetiska massan av en ande bildades.

På så sätt bildades de olika elektroniska och magnetiska klasserna och kropparna när universum expanderade; för universums expansion går in i ingenting.

På detta sätt bildades rymden, de olika fysiska elektroniska kropparna och de olika och distinkta typerna av manliga och kvinnliga magnetiska varelser under denna period på 13,8 miljarder år. På jorden kommer den fysiska kroppen hos en manlig och kvinnlig varelse att kunna integreras på ett rumsligt sätt för att bilda andra funktionella varelser.

Fysiska förändringar kommer att fortsätta att ske i universum, eftersom universum, när det expanderar, söker ett tillstånd av minsta energi, dvs. ett energimässigt tillstånd där energimängden är mindre. Men när universum rör sig genererar det mer energi; därför kommer universum inte att nå en slutpunkt, dvs. universum kommer inte att nå en punkt där det befinner sig i termisk jämvikt.

Kapitel 2

ENERGINIVÅER

Om vi vill veta vad som fanns där innan universum bildades kan vi ta det matematiskt och visa att innan universum skapades fanns ingenting i ingenting.

Innan universum bildades kan vi skriva virtuellt att 0/0=<(0)>. Det betyder att universums nollpunkt låg inuti en nolla. Vi kan skriva det på detta virtuella sätt eftersom: 0/0=0, 0/1=0, 0/2=0, 0/3=0 ...1000/0=0=0. Det betyder: 0/0=0, 0/0=1, 0/0=2, 0/0=3 ...0/0=1000. Men, 0≠1, 0≠2, 0≠3 och 0≠1000.

Denna inkonsekvens hos talen är känd som den matematiska paradoxen med division med noll, som kan lösas om vi betraktar talen virtuellt, eftersom vi kan inkludera värdet av varje tal som ett virtuellt uttryck av formen: <(n)>. På så sätt har värdet 'n' ett virtuellt värde före punkten noll. Det vill säga, vilket numeriskt värde som helst kan skrivas virtuellt. Till exempel: 0/0=<(3)> men värdet är inte 3, utan värdet 3 ligger innanför värdet noll. Denna paradox för division med noll löstes av den unge venezuelanen Ramsés Cornieles.

Den innebär att före punkten noll i ingenting fanns ingenting, även om vi gör det på ett virtuellt sätt, eftersom vi kan gå bakåt till en punkt före universums nollpunkt.

På ett ögonblick bildades den minsta energi som kan rymmas i vårt sinne; och eftersom det var energi började denna minsta mängd energi röra sig, och bildandet av universum började vid punkt noll.

Men vi måste komma ihåg att universum är ett energisystem. Så denna minimala mängd energi som bildades i ingenting är vad vi har definierat som en almatrino. Vi kan alltså koppla ihop ingenting med universum på ett matematiskt sätt, vilket leder oss till ett vetenskapligt resonemang.

En almatrino innehåller ingen elektronisk laddning eller massa; en almatrino är bara energi i rörelse.

På samma sätt var den österrikiskfödde teoretiske fysikern Wolfgang Ernst Pauli tvungen att använda sig av energibegreppet för att balansera den energimängd som saknas vid betasönderfall. Wolfgang Paulis partikel kunde alltså bara innehålla energi, dvs. den partikel som Pauli föreslog kunde varken innehålla laddning eller elektronisk massa. På Wolfgang Paulis tid kunde man dock inte förstå existensen av en partikel utan massa och elektronisk laddning. Därför sade Wolfgang Pauli i en föreläsning:

" ... Jag har gjort något dumdristigt, för jag har föreslagit en partikel som inte kan upptäckas".

Wolfgang Pauli kallade denna imaginära partikel, som varken hade laddning eller massa, för neutron, men den italienske fysikern Enrico Fermi föreslog Wolfgang Pauli att han skulle kalla denna partikel för neutrino, eftersom neutronen redan existerade. Slutligen upptäcktes neutrinoens existens experimentellt. En almatrino är dock mindre än en neutrino, så en almatrino kan inte upptäckas experimentellt.

En almatrino är en oändligt liten mängd energi som började röra sig vid universums utgångspunkt och började skapa ett oändligt litet universum.

Vid det första rörelseögonblicket kunde en almatrino inte innehålla vare sig materia eller elektronisk laddning; den hade bara en pol, eftersom materia och elektronisk laddning bildas av spinnhastigheten. Monopolen föreslogs av den brittiske matematikern och fysikern Paul Dirac.

En almatrino måste rotera runt sig själv för att kunna färdas i en elliptisk bana.

Idén om en partikel som roterar runt sig själv föreslogs av den tyske teoretiske fysikern Ralph Kronig. Ralph Kronigs idé orsakade dock Wolfgang Pauli viss ironi. I ett brev säger Wolfgang Pauli därför till Ralph Kronig:

"...en partikel kan inte rotera runt sig själv, eftersom detta antagande skulle strida mot Albert Einsteins relativitetslag.

Ralph Kronig drog sedan tillbaka sitt förslag inför Albert Einsteins och Wolfgang Paulis vetenskapliga prestige.

Wolfgang Pauli inser sedan att Ralph Kronig hade rätt, men om man delar energivärdet med 2. Om man delar energivärdet med 2 strider inte en partikel som snurrar runt sig själv enligt Ralph Kronigs förslag mot Albert Einsteins relativitetsteori.

I själva verket finns det varken Albert Einsteins relativitetsteori eller Wolfgang Paulis uteslutningsprincip. När det gäller Paulis uteslutningsprincip finns det en sannolikhet för energinivåer. När det gäller Albert Einsteins relativitetsteori är alla variabler i universum absoluta, när vi väl vet vad universums nollpunkt är.

Det finns inte heller några kvantnivåer, utan energinivåer av en sannolikhet. Sannolikheten på den första energinivån är 2 för händelse 1, dvs. +(½) och -(½).

Det vill säga, om en elektronisk partikel i samma energinivå har en uppåtgående energi, måste nästa partikel som bildas med nödvändighet ha en nedåtgående elektronisk energi, så att de två partiklarna kan existera i samma energinivå.

Denna spinnsannolikhet hos en partikel kan förklaras av fermioner och bosoner. I samma energinivå kommer vi alltså att ha två fermioner; vars elektroniska energi strömmar i samma riktning. Till exempel uppåt. Vi kallar dessa fermioner vars elektroniska energi strömmar uppåt för positiv elektronisk energi.

Den elektroniska energi som flödar uppåt genererar en magnetisk energi som roterar från vänster till höger, och vi kallar den för positiv magnetisk energi.

En boson är den energisannolikhet som integrerar 2 fermioner vars elektroniska energi flödar i samma riktning. På nivå 1 är en boson till exempel integrationssannolikheten för fermionerna +(1/2) och +(1/2) eller (↑↑). Summan av dessa 2 sannolikheter är 1. Den andra integrationssannolikheten för en boson är: -(1/2) + [-(1/2)] eller (↓↓); denna integration är också 1. Det vill säga, det är inte nödvändigt att sätta ett matematiskt tecken på en boson, eftersom integrationen bara är en sannolikhet.

På energinivå 1 kommer vi således att ha sekventiellt sannolikheterna för rörelsen hos 5 alternerande roterande almatrinos: +1/2, -1/2, +1/2, -1/2, +1/2 och +1/2; eller (↑↓↑↓↑).

Den elektroniska energin hos de positiva fermionerna +1/2 och +/1/2 eller (↑↑) integreras spontant och den positiva elektroniska materian hos de elektroniska atomkärnorna bildas.

Om det vi vill är att jämföra denna rörelse med ett observerbart faktum, så förenas två tornados som roterar i samma riktning (→→ eller ←←) spontant och en enda tornado bildas; men om de 2 tornados roterar i motsatt riktning (→ eller ←); det vill säga om den ena tornadon roterar åt höger och den andra tornadon roterar åt vänster, skulle dessa två tornados inte integreras; så de två tornados skulle fortsätta att existera oberoende av varandra.

Tecknet (±) för de två integrerade tornadorna skulle endast ange i vilken riktning den nya tornadon vänder sig.

Precis som den positiva elektroniska energin hos de två positiva fermionerna +1/2 och +1/2 eller (↑↑) integrerades spontant och den positiva elektroniska materian hos de elektroniska atomkärnorna bildas; på samma sätt integreras den elektroniska energin hos de två negativa fermionerna -1/2 och

-1/2 eller (↓↓) spontant och den negativa elektroniska materian hos elektronerna bildas.

Den elektroniska energin hos almatrino 5, dvs. +1/2 (↑) av nivå 1, är den elektroniska energi som förbinder energinivå 1 med energinivå 2; och så vidare på ett successivt sätt. På detta sätt gick energinivåernas värden mot ett mycket stort värde på den elektroniska energin.

Vi kan skriva på ett mer allmänt sätt som: $+(n_1/2)$, $-(n_1/2)$, $+(n_2/2)$, $-(n_2/2)$, $+(n_3/2)$, $-(n_3/2)$ ... $\pm(n_n/2)$, och så vidare.

Vi kan inte skriva 'n' oändligt, (n_∞) eftersom bildandet av universum inte har avslutats och inte kan avslutas; universum expanderar nämligen in i ingenting. Så universums expansion kommer inte att kunna nå ett oändligt värde.

Flödet av den elektroniska energin hos fermionerna +1/2 (↑) och -/1/2 (↓) genererar en magnetisk energi. Den magnetiska energin som roterar från vänster till höger (→) är positiv, och den magnetiska energin som roterar från höger till vänster (←) är negativ.

Dessa 2 positiva eller från vänster till höger roterande magnetiska energier (→→) integreras och bildar den magnetiska massan hos en manlig varelse.

De 2 negativa eller från höger till vänster roterande magnetiska energierna (←←) integreras och bildar den magnetiska massan hos en kvinnlig varelse.

På grund av rörelsen kunde almatrinos energiflöde, som är energi, inte förbli statiskt. Dessutom går energiflödet mot ingenting, dvs. det finns inga krafter i ingenting som kan stoppa flödet av universums energi.

När almatrino till exempel var halvvägs genom sin elliptiska bana hade den andra elliptiska halvan av almatrinos bana redan ökat till ett exponentiellt värde av formen $y=e^{xt}$. Det vill säga, universums tillväxt är inte linjär eller av formen $y=xt$, utan genereringen av universums energi sker snarare på ett exponentiellt sätt. Det betyder att varje gång universums energi växer, expanderar universum över en energimängd som redan finns.

Vid den tiden var temperaturen i universum mycket hög, eftersom universums storlek var oändligt liten. Så almatrino var tvungen att rotera runt sig själv snabbare och snabbare för att slutföra sin elliptiska bana. Den elliptiska banan blev större och större för almatrino. Genom att röra sig snabbare och snabbbare skapade almatrino mer energi; energin ökade temperaturen och genom expansionen skapades mer utrymme. Men almatrinos rotationshastighet kunde inte vara oändlig för att fullborda sin elliptiska bana. Därför nåddes ett hastighetsvärde där den elektroniska rotationsenergin omvandlades till elektronisk materia.

Om denna omvandling av elektronisk energi till elektronisk materia inte hade skett skulle almatrino fortfarande rotera runt sig själv med en exponentiellt ökande hastighet.

Ekvationen som förutsäger hur snabbt elektronisk energi omvandlas till elektronisk materia är $Ev=m_0C^3$. I denna ekvation är som sagt m_0 den ursprungliga mängden elektronisk materia i universum, E är den energi som genereras, v är hastigheten på almatrinos snurrande och C är proportionalitetskonstanten. Proportionalitetskonstanten C är den som gör det möjligt för oss att införa värdet av jämlikhet mellan kvantiteterna.

Omvandlingen av den elektroniska energin till elektronisk materia kan dock inte göras utifrån Albert Einsteins och Mileva Marić ekvation $E=mC^2$; eftersom vi med denna energi-ekvation av Albert Einstein och Mileva Marić inte vet om 'm' i ekvationen är den elektroniska materian eller om 'm' är den magnetiska massan. För Albert Einstein är universums ursprungliga elektroniska materia m_0 imaginär, och Albert Einsteins energikevation tog inte hänsyn till energins hastighet v.

Elektronisk materia skiljer sig dock från magnetisk massa. Elektronisk energi produceras genom rörelse, elektronisk materia bildas genom integrering av elektronisk energi, medan magnetisk energi produceras genom flödet av elektronisk energi och magnetisk massa bildas genom integrering av magnetisk energi.

Kärnornas positiva elektroniska materia integreras rumsligt med elektronernas negativa elektroniska materia, och molekyler, eller grundämnena i det periodiska systemet, bildas.

I naturen finns dessa grundämnen i det periodiska systemet vanligtvis inte i rent tillstånd. Det finns till exempel ingen väteatom H, utan en vätemolekyl H_2, eftersom de två väteatomerna som molekyl dynamiskt kompenserar varandras elektroniska laddning.

Genom denna integrering av elektronisk materia bildas således all elektronisk materia i universum rumsligt mellan de positiva atomkärnorna och de negativa elektronerna.

Elektronisk materia har inget att göra med magnetisk massa, men om vi jämför integrationskrafterna är den elektroniska materiens integrationskraft mindre intensiv än den magnetiska massans integrationskraft. För som nämnts är den elektroniska materian rumsligt integrerad mellan de negativa elektronerna och de positiva elektroniska atomkärnorna. Därför kan de negativa elektronerna förflytta sig från den positiva kärnan i form av elektromagnetisk strålning. Integrationen av magnetisk energi i form av magnetisk massa är däremot inte rumslig, eftersom den magnetiska massan inte har några kärnor och inga elektroner.

Vi kallar de elektroniska bosoner som integrerar elektronisk materia för gluoner. Medan de bosoner som utgör den magnetiska massan kan kallas urdires.

De 2 positiva magnetiska energierna, eller energier som roterar i samma riktning (→→), integreras spontant och den positiva magnetiska massan hos en manlig varelse bildas.

De två magnetiska energierna, som roterar från höger till vänster eller negativa (←←), integreras spontant och bildar den negativa magnetiska massan hos en kvinnlig varelse.

På så sätt bildades i människosläktet det manliga och kvinnliga, eller hos djuren de två könen, det kvinnliga och det manliga könet. I andra släkter blir det till exempel en tupp och en höna; ett lejon och en lejoninna, en katt och en honkatt, en tjur och en ko osv.

Dessa två varelser, manligt och kvinnligt, kan förenas rumsligt med hjälp av de fysiska kropparna. Genom den rumsliga föreningen av dessa två fysiska kroppar kommer en annan fysisk kropp att bildas, och i denna kropp kommer anden att införlivas som bildas av den magnetiska massa som kommer från den andliga världen.

Inkorporeringen av anden i sin nya fysiska kropp kommer att äga rum fem månader efter dräktigheten. Och det kommer att ske vid 5 månader, eftersom embryot bildades genom den fysiska integreringen av två haploider. Den manliga haploiden finns i den manliga varelsens testiklar och den kvinnliga haploiden finns i den kvinnliga varelsens ägg.

Haploider har inget fysiskt minne. Fysiskt minne är viktlös magnetisk energi; därför förkroppsligas det magnetiska minnet i anden som införlivas i en fysisk kropp.

Massan och det magnetiska minnet är det som ger stil eller livsform åt en andevarelse som lever i en fysisk kropp som består av elektronisk materia.

Andens magnetiska minne sitter i fysisk form i hippocampus. Därför har spädbarn inget fysiskt minne; därför kan spädbarn se och tala med en ande; därför att spädbarn kan se saker som rör sig mycket snabbt. På samma sätt kan spädbarn höra det infrasoniska området. Detta kommer att hända med babyn, tills babyn når åldern av ett femårigt barn. Vid den åldern kommer bildandet av hippocampus att kulminera i barnets hjärna.

Enligt denna sekvens (↑↓↑↓↑) drar vi slutsatsen, att almatrino nummer 1; det vill säga den almatrino som började bilda universum hade en elektronisk energi som pekade uppåt; eller att den magnetiska energin hos den första almatrino roterade i höger-vänster riktning (←).

Även om almatrinots spinn är relativt, beror spinnets riktning på vilken sida vi ser almatrinot snurra. Om någon ser att almatrino snurrar från vänster till höger, kommer den andra sidan att se att almatrino snurrar från höger till vänster.

I början integrerades den infinitesimala elektroniska materian i det infinitesimala universumet med den infinitesimala magnetiska massan, och på så sätt bildades de olika infinitesimala fysiska kropparna med förmåga till liv.

En del av dessa infinitesimala kroppar lever vilande eller sover inuti en infinitesimal kapsel och väntar bara på miljöförhållanden för att vakna upp från sitt viloläge och reproducera sig.

Vi kallar dessa infinitesimala kroppar för virus.

Dessa infinitesimala fysiska kroppar vaknade upp i den fientliga miljön på jorden. Det är troligt att detta började i Luts öken eller på en högplatå och därifrån bildades de olika typer av celler som gav upphov till levande varelser på jorden. Inklusive vegetation som först bildades genom kondensation av vattenånga och sedan genom tidvatten som drog med sig växtplankton från havet till den ofruktbara marken.

Växter förbrukar den koldioxid som djuren släpper ut genom sina näsor. Växter avlägsnar syre som avfall. Syre förbrukas av levande varelser för att producera energi i form av värme. På så sätt bildades ett ekosystem som gav upphov till förhållandet och samexistensen mellan de olika livsformerna på jorden.

I början var universum mörkt, eftersom planeterna och planeternas atmosfär inte hade bildats för att bryta ner elektromagnetisk strålning till ljus och värme.

Universum har vuxit, eftersom den elektroniska energi som skapar universums utrymme är av exponentiell form. Om en människa skulle stå vid kanten av universum för att se hur snabbt universum växer skulle han inte märka det, eftersom universums fysiska utrymme är mycket stort. Så det som för universum är ett ögonblick kommer att vara en evighet för en mänsklig observatör.

Universums tillväxt går mot ingenting, och den kommer att vara kaotisk, eftersom det i ingenting finns ingenting som kan stoppa universums tillväxt. Idén om kaotisk rörelse har vi den franske vetenskapsmannen Jules Henri Poincaré att tacka för.

Detta är en del av ett ständigt sökande efter hur universum bildades på ett logiskt sätt. Georges Lemaître var till exempel präst, men Georges Lemaître lyckades inte visa hur den energi som rör sig exponentiellt i universum bildades. Georges Lemaître utvecklade endast Big Bang-teorin.

Men för att få universum tillbaka till sin utgångspunkt, vilket Georges Lemaître föreslår i sin Big Bang-teori, måste vi minska universums entropi. Men det kommer att vara omöjligt att ta upp universum igen, eftersom vi, för att ta upp universum igen, skulle vara tvungna att förse det med mer energi än vad universum har producerat för att ta tillbaka universum till sin utgångspunkt. Big Bang-teorin förklarar med andra ord inte var den energi och materia som bildade universum kom ifrån.

Kanske är detta ett antagande som kan göras matematiskt, men möjligheten att plocka upp universum igen är inte rimlig ur fysisk synvinkel. Vi kommer alltså inte att kunna kontrahera universum för att föra det tillbaka till sin utgångspunkt.

Vid startpunkten kommer vi inte att kunna ha en oändlig täthet av elektronisk materia, men med hjälp av Big Bang-teorin kommer vi inte heller att veta var den energi som värmde universums startpunkt kom ifrån.

Så med den analys vi har gjort av hur all materia som bildar universum och all materia som kommer att bildas i universum bildades; den magnetiska massan hos andarna och de manliga och kvinnliga könen, som i människosläktet är man och kvinna, utgör det viktigaste vetenskapliga faktum som har inträffat i hela den mänskliga civilisationens historia av vetenskapligt tänkande.

Det är dock lättare att förstå en filosofi än ett vetenskapligt faktum, men vi kan inte på ett meningslöst sätt hindra den vetenskapliga analysen; därför måste vi låta den vetenskapliga förklaringen utvecklas logiskt, enligt britten Francis Bacon och italienaren Galileo Galilei.

Alla människor är alltså skyldiga att förstå var och hur all elektronisk materia och magnetisk energi i universum uppstod och hur den kommer att uppkomma, genom den energiavvägning som bildade universum $Ev=m_0C^3$, för att göra mänskligheten mänskligare.

Kapitel 3

EKVATIONEN SOM FÖRKLARAR HUR UNIVERSUM BILDADES

Universums expansionsprocess är oåterkallelig; därför kan vi inte vänta på att universum ska dra sig tillbaka till sin utgångspunkt. Det är omöjligt att spontant gå från kaos till ordning, eftersom det för att vända oordning till ordning måste tillföras energi till systemet. Så vid denna tidpunkt i vetenskapshistorien är Big Bang-teorin från den belgiske pastorn, matematikern och astronomen Georges Henry Joseph Édouard Lemaître avslutad. Big Bang-teorin eller teorin om det kosmiska ägget är inte logiskt logisk, eftersom den till exempel inte förklarar varifrån den energi som värmde upp det begynnande universum kom. Även om nya teorier som förklarar universums bildning har utvecklats utifrån Big Bang-idén, kommer vi inte att kunna koncentrera all den energi som universum har nu, och den energi som universum kommer att ha om oändlig tid, till en punkt.

Men återigen ledde förklaringsvakuumet till att många forskare antog Big Bang-teorin, och de teorier som härrör från den, som den mest representativa förklaringen till universums bildning.

När universum expanderar in i ingenting har vi kaos eller oordning, eftersom det universum eftersträvar när det expanderar är ett tillstånd där det energisystem som bildar universum befinner sig i termisk jämvikt. Det vill säga, så att universum kan nå en punkt där det har mindre energi, vilket kräver att det går från ordning till oordning. Men ur denna synvinkel är universums jämviktspunkt inte ens bortom plus oändligheten, eftersom universum självt skapar den energi som driver det mot ingenting, och i ingenting finns det ingen energi.

Universum bildar en implosion i ett absolut vakuum.

Ingentingets inre gräns är lika med universums yttre gräns. Vi kan definiera den gränsen som en flexibel kant, det vill säga att gränsen för ingenting expanderar i takt med att universum expanderar, för utanför universum finns ingenting. Därför kommer universums energiflöde att vara evigt mot ingenting, och universums entropi eller oordning kommer kontinuerligt att öka mot ingenting.

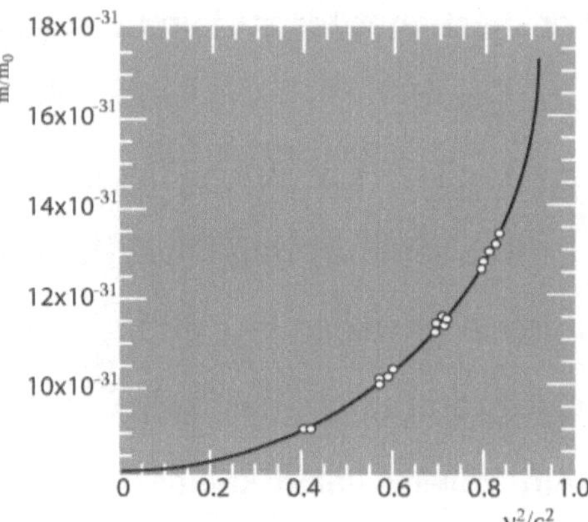

FIGUR 1

BUCHERER OCH NEUMANN-GRAFIKEN

Albert Einstein ville dock inte se i Bucherers och Newmanns figur 1 att hastigheten bortom värdet v^2/C^2 går till ett oändligt värde. När hastigheten är större än 1 ($v^2/C^2>1$) drog Albert Einstein slutsatsen att om något skulle kunna röra sig med en hastighet C som är större än ljuset, skulle massan hos denna partikel inte vara verklig utan imaginär. Men i verkligheten är det inte så, eftersom den elektroniska materian i det system som bildar universum i ingenting är verklig, eftersom den elektroniska materian bildas av den elektroniska energin, och den elektroniska energin är en verklig storhet.

Det vill säga, som Ralph Kronig drog slutsatsen, att varje verklig partikel måste rotera runt sig själv med en högre hastighet än sin translationshastighet för att kunna röra sig längs sin elliptiska bana. Eftersom den elliptiska formen är det enda sättet att röra sig, så att partikeln kan innehålla samma mängd energi under sin resa genom samma energinivå. Det vill säga, med en elliptisk bana förlorar partikeln inte energi; det vill säga, med en elliptisk rörelse bromsar inte partikeln upp, vilket den skulle göra om partikelns rörelse var cirkulär.

Den elliptiska formen för översättningen är det spontana eller naturliga rörelsesättet. Om den translationella rörelsen hade varit cirkulär skulle de cirkulära banorna inom en sfär inte ha bildats. Det vill säga, om rörelsen hade varit cirkulär skulle alla partiklar ha agglomererat i en enda bana och det utrymme som utgör universum skulle inte ha skapats. Med en translationsrörelse av energi i en cirkulär bana skulle energisystemet som bildar universum inte ha expanderat, eller så skulle systemet inte ha bildats ur ingenting. Om det hade skett på detta sätt skulle det energisystem som bildar universum ha nått ett tillstånd av utmattning, eller så skulle universum ha formen av ett energibälte.

Det vill säga universums geometri är sfärisk. Om universums form hade varit elliptisk skulle systemet ha förbrukat energi till ingenting, och universum skulle vara i jämvikt. Det vill säga, universum skulle ha nått ett tillstånd där entropivärdet är maximalt. Men entropin är en spontan process som inte kan stoppas, och därför kommer vi inte att kunna nå en punkt där entropin har ett maximalt värde. Det är omöjligt att nå en punkt där entropin har ett maximalt värde; därför kommer universum att fortsätta att expandera progressivt mot ingenting.

Universums energisystem kan inte gå baklänges, eftersom universum skulle bli ett ingenting vid sin utgångspunkt; men detta är omöjligt, eftersom universum inte kan gå tillbaka till sin utgångspunkt.

Processen för att bilda universum tar 13,8 miljarder år, så vi kommer inte att kunna plocka upp universum igen.

Vi kan bara plocka upp universum som en teoretisk sannolikhet genom matematisk fantasi, men detta antagande är inte meningsfullt ur fysikalisk synvinkel, eftersom retrotraktion inte är en spontan process. Det krävs att mer energi tillförs systemet än den mängd energi som universum har producerat för att föra tillbaka universum till sin utgångspunkt.

Entropin minskar inte av sig själv, för det skulle vara som att säga att något som var oordnat blev ordnat av sig självt. Det finns inte tillräckligt med energi i universum för att spontant få tillbaka universum till sin utgångspunkt.

Utrymmet mellan de olika kropparna måste vara stort, som till exempel utrymmet mellan de kroppar som utgör solsystemet. När två kroppar roterar i motsatt riktning (← eller →) bildas en repulsiv kraft mellan två kroppar, som i fallet med två tornados som roterar i motsatt riktning. Dessa rumsliga kroppar är sekventiellt ordnade genom en alternerande konfiguration av den elektroniska rörelsen, dvs. positiv-negativ-positiv-negativ, (↑↓↑↓) ... osv. Men samtidigt som de är separata finns det en integrerande kraft som håller dem samman i positiv (↑↑) och negativ (↓↓) form.

Till exempel roterar solen från vänster till höger (→), eftersom flödet av solens positiva elektroniska energi är uppåt (↑). Merkurius roterar från höger till vänster (←), eftersom flödet av Merkurius negativa energi är motsatt till flödet av solens positiva elektroniska energi (↓). Venus roterar från vänster till höger (→) precis som solen eller i motsatt riktning till Merkurius; men Venus elektroniska energi är negativ (↓). Jorden roterar från höger till vänster (←), det vill säga jorden roterar i motsatt riktning till Venus, därför är jordens positiva pol uppåt (↑) och jordens negativa pol nedåt (↓). Sedan kan vi gå vidare med förklaringen mot planeten Mars.

Det är dock så att planeterna: Merkurius, Venus, Jorden, Mars osv. bildar den negativa laddningen (↓↓↓↓), och mellan dem alla kompenserar de den positiva laddningen i solens kärna (↑); och eftersom det är en elektronisk kärna är solen mer massiv. Solen är alltså större än summan av alla planeter. Den negativa laddningen flödar till exempel från jorden in i solens elektroniska kärna.

Så rörelsen hos var och en av de elektroniska kropparna är motsatt till nästa, eftersom rotationsrörelsen hos alla kroppar i rymden är en rörelseöverföring. Därför är kropparna i universums rymd samtidigt integrerade av elektroniska krafter med motsatt rotation på samma energinivå, vilket hindrar kropparna från att smälta samman och bilda en enda elektronisk kropp. Vi kallar denna energi av avstötning och attraktion mellan himlakroppar på samma energinivå för den elektroniska gravitationskraften.

Andar innehåller ingen elektronisk materia; andar består endast av magnetisk massa; därför påverkas andarnas magnetiska massa inte av den elektroniska gravitationskraften.

Men vi måste matematiskt beskriva hur ett energisystem bildades och sedan det började växer det fortfarande exponentiellt nedsänkt i ingenting.

Från Albert Einsteins och Mileva Marićs energiavdrag $E=mC^2$ kan vi använda det komplexa tal som Johann Carl Friedrich Gauss härledde, eftersom Albert Einsteins och Mileva Marićs ekvation visar hur energi kan omvandlas till elektronisk materia och elektronisk materia kan omvandlas tillbaka till energi.

Elektronisk materia kan omvandlas tillbaka till elektronisk energi om den elektroniska materian kommer i kontakt med ett svart hål för att snurra i hög hastighet. Men dessa system är varken hål eller svarta hål, utan energiska system där elektronisk energi snurrar med hög hastighet. Svarta hål är ackretionssfärer där elektronisk energi omvandlas till elektronisk materia.

En ande har ingen elektronisk materia; därför påverkas inte en ande av ett svart hål; men en ande är medveten om dess existens; därför skulle ingen ande någonsin tänka på att komma i kontakt med ett svart hål.

Vi har sagt att det finns partiklar som varken har massa eller elektronisk laddning, men den elektroniska materian, som är kondenserad energi, kan inte vara imaginär. Andar är till exempel verkliga varelser, men andar innehåller inte elektronisk materia. Andar består av magnetisk massa som inte innehåller någon elektronisk materia, eftersom andar inte har några kärnor eller elektroner.

Albert Einstein ansåg dock att den ursprungliga materian inte var verklig, utan snarare att den ursprungliga materian skulle vara imaginär enligt Johann Carl Friedrich Gauss matematiska slutsats, men Gauss hänvisade till ett komplext värde, som skiljer sig från det imaginära värdet, eftersom det imaginära inte är verkligt.

Ett komplext värde är ett värde som består av flera reella element, medan ett imaginärt värde endast existerar i fantasin, dvs. det imaginära värdet har ingen verklig fysisk form. Den elektroniska materia som finns i det system som bildar universum och ingenting måste dock ha bildats någon gång och vid någon tidpunkt. Därför är det nödvändigt att leta efter en ekvation som på ett fysiskt sätt visar oss hur den ursprungliga elektroniska materian i det energisystem som bildar universum bildades.

Vi kan från värdet 1 subtrahera det värde som motsvarar v^2/C^2, det vill säga det värde som ligger inom kvadratroten i Albert Einsteins och Mileva Marićs energetiska ekvation, så att rotationshastigheten har en gräns; eller så att den elektroniska materian m_0 inte har ett imaginärt värde. Den ursprungliga elektroniska materian bestäms av följande relation:

$$m=m_0/\sqrt{1-v^2/C^2}$$

Om v är större än C betyder det att: (v^2/C^2) eller att C är mindre än v, dvs. (v^2/C^2) är större än 1. Om man subtraherar värdet (v^2/C^2) från 1 kommer ett negativt värde att kvarstå inom formens kvadratrot: -(v^2/C^2). Vi kan använda det komplexa talet 'i' av Johann Carl Friedrich Gauss för att lösa det negativa värdet av kvadratroten.

Så att:

$$m=m_0/\sqrt{-v^2/C^2}$$

Genom att ersätta värdet av denna elektroniska materia 'm' med värdet av den ursprungliga materian m_0 ovan i Einsteins ekvation får vi följande:

$$E=m_0C^3/iv$$

$$iv=m_0C^3/E$$

Där 'i' är värdet av det komplexa talet. Låt oss multiplicera båda sidor av likheten med det komplexa talet 'i', men med tanke på att: $i^2=-1$. Därför:

$$i^2v=i.m_0C^3/E$$

$$-v=i.m_0C^3/E$$

Om vi höjer jämlikhetens moduler till kvadraten; eftersom det verkliga värdet av hastigheten ökar, liksom värdet av den elektroniska materian och värdet av den elektroniska energin, så har dessa variabler inget matematiskt tecken. Vi har följande:

$$-|v|^2=i^2m_0^2C^6/E^2$$

$$-v^2=-m_0^2C^6/E^2$$

$$v^2=m_0^2C^6/E^2$$

Om vi extraherar värdet innanför kvadratroten, för att beräkna hastigheten v hos den första almatrino som blev elektronisk materia m_0, när universum hade storleken av en infinitesimal energisk sfär, får vi att hastigheten hos energin inuti det system som började bilda universum från ingenting är:

$$v=m_0C^3/E$$

Det vill säga, det infinitesimala värdet av energin E i ingenting i en bråkdel av tiden som är större än tiden noll var lika med:

$$E=m_0C^3/v$$

Vi säger att det var en större del av tiden efter tid noll, eftersom den mängd elektronisk materia 'm' som universum hade vid denna tidpunkt uppstod från den ursprungliga elektroniska materian m_0; eftersom universums ursprungliga materia m_0 vid tid noll var noll. Den del av tiden som mäts från nollpunkten är $5{,}391 \times 10^{-44}$ sekunder, dvs. den minsta Max Planck-tiden.

Vi kan på ett integrerat sätt skriva ekvationen som bildade universum som: $\Delta Ev = \Delta m C^3$. $\Delta E = E_f - E_0$, $\Delta m = m_f - m_0$. Det vill säga, med denna ekvation som bildade universum, $Ev = m_0 C^3$ kan vi veta vilken mängd elektronisk energi E_f och vilken mängd elektronisk materia m_f vi kommer att ha vid varje tidpunkt.

Den ursprungliga hastigheten v var egentligen noll, och denna hastighet v kunde inte gå till ett oändligt värde, eftersom omvandlingen av elektronisk energi till elektronisk materia har en gräns i den elektroniska energins rotationshastighet. Det vill säga att: $\Delta v = v$, och därmed $\Delta Ev = \Delta m C^3$.

Ekvationen kan tillämpas på alla energisystem. Detta är den matematiska ekvation som förklarar hur universum bildades från ingenting.

Ekvationen som bildade universum kan integreras för att veta hur mycket elektronisk materia universum kommer att ha i varje punkt i rymden. Låt oss säga från punkt noll till en punkt bortom oändligheten.

Det ursprungliga utrymmet för det minimala universumet var mindre än en almatrino; därför har vi kommit fram till ögonblicket; det vill säga till den minimala punkten eller punkten noll där universum började bildas. Därför kommer vi inte att kunna göra alla mätningar vi gör på ett relativt sätt utan på ett absolut sätt, med utgångspunkt från universums nollpunkt, som ligger i ingentingets centrum. Och det var från denna nollpunkt som universum började bildas.

Ekvationen $Ev=m_0C^3$ är alltså den relation som förklarar hur universum började bildas från ingenting, och hur universum fortfarande bildas, eftersom universums bildningsprocess, när den väl har påbörjats, inte kan stoppas.

Om processen för skapandet av universum skulle stanna vid en punkt skulle det inte längre finnas någon rörelse; därför skulle processen för generering av elektronisk energi upphöra och universum skulle frysa. Det som upprätthåller genereringen av elektronisk energi i universum är universums rörelse.

Universum kan bäst definieras som en ackretionssfär.

Värdet av den elektroniska energin E är relaterat till den magnetiska energin B med hjälp av konstanten C. Det vill säga, E=CB; därför kan vi skriva för den magnetiska energin B:

$$CB=m_0C^3/v$$

Den magnetiska energin B i bubblan av elektronisk energi som bildade universum ur ingenting är:

$$B=m_0C^2/v$$

$$Bv=m_0C^2$$

Med tanke på att hastigheten v i början var praktiskt taget mindre än noll kan vi säga att det inte fanns något där. Därför är dessa två ekvationer: $Ev=m_0C^3$ och $Bv=m_0C^2$, gör det möjligt för oss att på ett matematiskt sätt koppla samman en almatrino som uppstod från ingenting med universums fysiska system.

Slutligen drar vi slutsatsen att universum inte kan vara statiskt, men att vi inte märker universums rörelse eftersom vi rör oss i rymden med nollfart i förhållande till jorden.

Om universum var statiskt skulle universum befinna sig i termisk jämvikt, och i denna stillastående form, i det system som bildar absolut ingenting med universum, skulle flödet av elektronisk energi inte existera, det vill säga den elektroniska energi som tvingar till mer rörelse. Och med mer rörelse av elektronisk energi kommer mer elektronisk energi att skapas; som måste omvandlas till elektronisk materia, så att systemet inte värms upp i all oändlighet. Universum kommer alltså alltid att vara i rörelse, och ingenting kan stoppa det.

FÖRFATTARENS ARBETE

Examen i kemisk teknologi från kemifakulteten vid Universidad Central de Venezuela. Påbyggnadsstudier i livsmedelsvetenskap och -teknik. Särskilt arbete med kemi av naturprodukter och kemi av sjukdomar. Konstruktör av kemiska processer. De böcker som anges nedan är en produkt av tankar; därför måste dessa böcker revideras i takt med att vi blir klarare över hur universum bildades, så försök att läsa den senaste upplagan av varje bok. Dessa böcker är: "The Chemistry of Cancer". "Diabetesens kemi". "Hjärtattack". "Alzheimers". "Kemin av artrit". "Tankens kemi". "Andens kemi". "Hur universum bildades". "Expensalisterna". "Varför man inte bör äta kött". "Mikrovärlden". "Finns Gud verkligen?". "Invändningar mot Albert Einsteins relativitetsteori". "Att spå framtiden". "De stora vetenskapsmännens misstag". "Livet på solen". "Universum före nolltid". "Andens energi". "Cancerens ursprung". "Cellernas värld". "Sjukdomarnas kemi". "Partikeln som skapade universum". Cancerens kemi, sjunde upplagan. Diabetesens kemi, sjätte upplagan; Hjärtattackens kemi, fjärde upplagan; Minnets kemi; Artritens kemi, tredje upplagan. "The Creative Power of the Mind". Partikeln som skapade universum, tredje upplagan. "Universums ursprungliga massa". "Du bör inte äta kött". "Kroppens och andens ursprung". "Tillbe universum". "Socker en fiende i köket". "Tidsresor". Cancerens kemi, utgåva 8. Diabetesens kemi, utgåva 7. Kemin för hjärtattacker, utgåva 5. Andens minne, utgåva 1, artritens kemi, utgåva 5. "Andens liv". "Rewriting Science" (omskrivning av vetenskapen). "Universums början". "Andlig tillväxt". "Andens koppling till kroppen". "Livets ursprung". "Döden existerar inte". Cancerens kemi, sista upplagan. Partikeln som skapade universum, sista upplagan. "Andens införlivande med den fysiska kroppen". "Jag kom från solen". "Sjukdomar som kan förebyggas". "Livets ursprung på jorden". "Universums begynnelseögonblick".

www.ingramcontent.com/pod-product-compliance
Lightning Source LLC
LaVergne TN
LVHW091236150826
845673LV00003B/1158

* 9 7 9 8 3 7 1 1 8 5 7 4 7 *